JN261327

琉球の聖なる自然遺産

野生の鼓動を聴く

【撮影】山城 博明　【解説】花輪 伸一

リュウキュウアカショウビン（西表島）

高文研

野生の鼓動を聴く
もくじ

装丁＝商業デザインセンター・増田　絵里

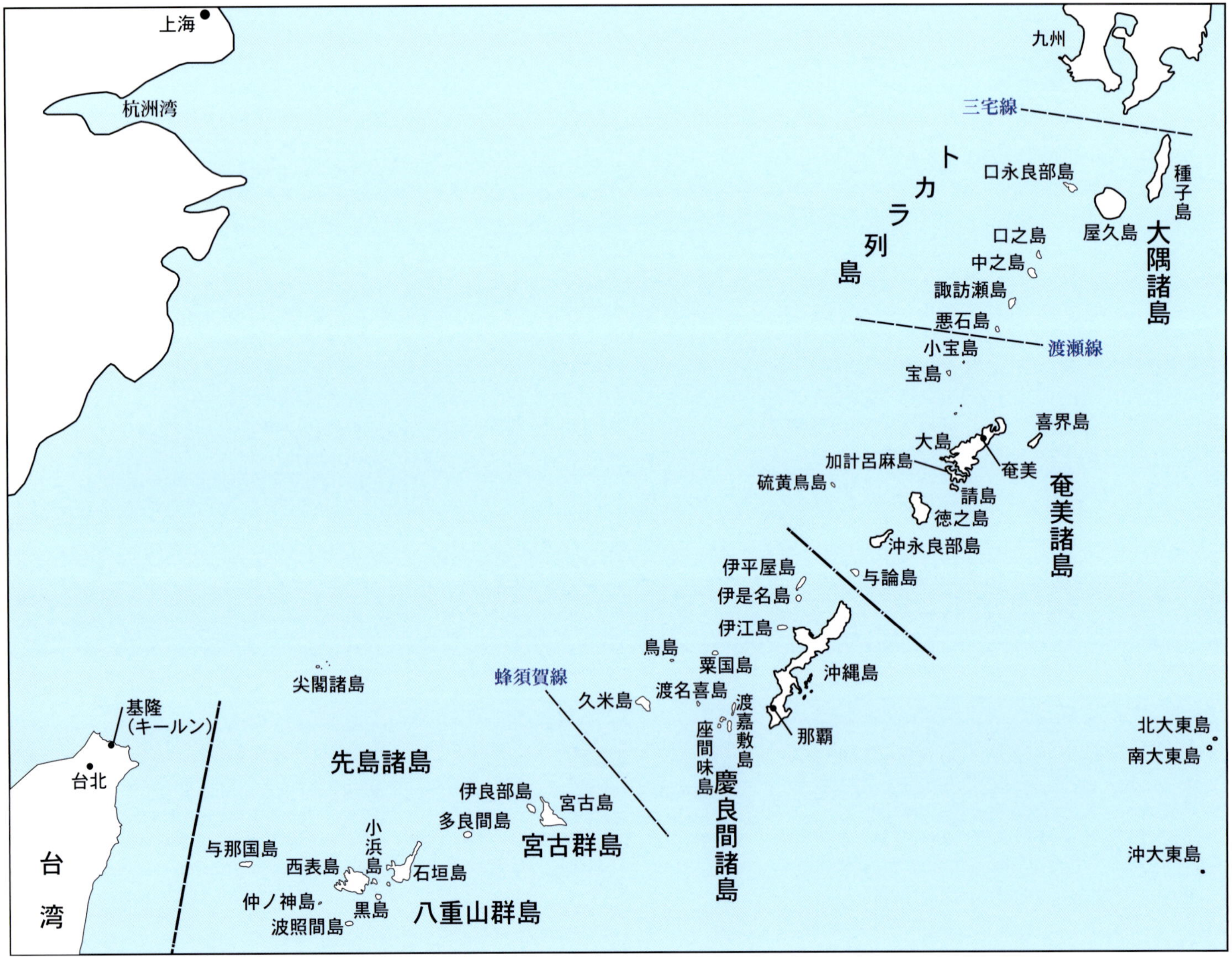
上海
九州
杭洲湾
三宅線
トカラ列島
口永良部島
種子島
屋久島
大隅諸島
口之島
中之島
諏訪瀬島
悪石島
渡瀬線
小宝島
宝島
喜界島
大島
加計呂麻島
奄美
硫黄鳥島
請島
徳之島
奄美諸島
沖永良部島
与論島
伊平屋島
伊是名島
伊江島
鳥島
粟国島
沖縄島
蜂須賀線
尖閣諸島
久米島
渡名喜島
渡嘉敷島
座間味島
那覇
慶良間諸島
北大東島
南大東島
沖大東島
基隆
(キールン)
台北
台湾
先島諸島
伊良部島
宮古島
多良間島
宮古群島
与那国島
西表島
小浜島
石垣島
仲ノ神島
黒島
波照間島
八重山群島

西表(いりおもて)島　石垣島の西に隣接する西表島は沖縄県では沖縄島に次いで大きな島である。原生林を蛇行するこの浦内川も、県内最長(18・8キロ)を誇る。なお沖縄で「西」を「いり」と読むのは、日の上がる東を「あがり」、日の入る西を「いり」というからである。(03・1・17)

マリュドゥの滝

下方の丸い滝つぼへ流れる滝であることからこの名が付いた。上流のカーブしたところに、神々が座するというカンピレーの滝がある。(2003・1・17)

イリオモテヤマネコ 茂みの中から撮影用テントをうかがう。1967 年に発見されたこのイリオモテヤマネコはかつては生きた化石と呼ばれ、ネコ科の進化を探る上で貴重な種とされたが、現在はベンガルヤマネコの亜種とされている。国の特別天然記念物。（西表島東部　2006・4・4）

イリオモテヤマネコは小動物や鳥類、トカゲ、カエルなどを捕食して生きている。暗闇の中、この顔がライトに浮かんだ時はシャッターを押す指が震えた。（西表島東部　2006・5・16）

川辺を歩いていたヤマネコはヒョイと川中の石に飛び移り、じっと座って獲物を狙っていた。（西表島西部　2003・10・9）

イリオモテヤマネコは水を嫌がらない。撮影したこの日は大雨だった。びしょ濡れのヤマネコは平然とカメラをにらんでいた。（西表島西部　1992・2・14）

餌場を移動するイリオモテヤマネコ。体長は 60 センチほどであるが、体を伸ばして歩くと、通常より大きく見える。（西表島西部　2003・10・9）

ようやく自然光で撮った１枚。イエネコと変わらないように見えるが、観察すると足が太く、尾も太く長い。耳の後ろの毛が白く、表情は野生そのものだ。（西表島西部　1992・２・15）

水を飲むイリオモテヤマネコ。海水や海水の混じった水も飲む。島の古老から海で獲物を獲る光景を見たと聞いた。（西表島西部　2003・10・8）

サンゴの海

慶良間諸島・阿嘉島の海は規模は小さいが200種以上のサンゴが生息し、その種類の豊富さは世界有数である。

サンゴの産卵 サンゴは実は動物で、旧暦５～６月の満月の夜に産卵する。初めて見たとき、海底から粉吹雪が舞い上がるような幻想の世界に誘われた。(阿嘉島 1991・５・22)

サンゴと共生する褐虫藻が光合成をする必要から、サンゴは透明度の高い浅瀬でなければ発達しない。潜るとそこは、どこまでも透きとおった蒼い世界である。（阿嘉島　1991・5）

海面を泳ぐザトウクジラの親子　春から夏、秋にかけ、食物の多い北の海で過ごすザトウクジラは、冬期になると出産、子育てのために慶良間海峡にやってくる。（那覇市西方で空撮　2007・2・27）

ザトウクジラのジャンプ　かつて沖縄では捕鯨が行われ、ザトウクジラは地域的に絶滅したと思われていたが、1986年ごろから慶良間海域に再び現れた。その巨体のジャンプは豪快である。（座間味島西沖　2002・2・23）

ザトウクジラの尾 毎年 12 月中旬ごろ慶良間の海にやってくるザトウクジラは、４月ごろ北の海へ帰る。潜水する前に見せるこの特異な形の尾びれが、いかにも海の王者らしい。（座間味島沖）

鹿伊瀬島 (チービシ環礁)　那覇市の西北西約 10 キロの東シナ海に浮かぶ３つの無人島の中のひとつで、周辺の海はウミガメやアジサシなどの繁殖地となっている。（渡嘉敷村　2003・2）

ケラマジカ　このシカの祖先は琉球王朝時代に薬用として持ち込まれたニホンジカである。年月を経る間にその亜種となった。天然記念物。（阿嘉島　2007・8・30）〈絶滅危惧種〉

ケラマジカ　海に囲まれた島で育っただけに、海にも入る。海草を食べる姿も目撃されている。（阿嘉島　2007・8）

満月とケラマジカたち　やはり、群れで行動する。目が光っているのはフラッシュに反射して。（阿嘉島　2005・9・18）

ハシブトカラスとケラマジカ たまたまの光景ではない。カラスはケラマジカに付いているダニを採食するのだ。島ではよく見かける。（阿嘉島　2011・4・11）

下地島の通り池　２つの池は海へと通じていて、サメなども入ってくることもある。ダイバーが好むダイビングスポットでもある。池に夫の連れ子を投げ落とした悲しい話や、人魚伝説なども残っている。（宮古島市下地島　2007・3・22）

大神島 サンゴの海の色は美しいが、中でも宮古島の海は美しい。しかもそれが鮮やかに変化する。写真は池間大橋から遠望した大神島。神が住むといわれる。（2006・2・14）

宮古島・東平安名崎（ひがしへんなざき）　岬の先端付近にはマムヤという伝説の美人の墓がある。島の絶景のひとつである。（2003・2）

阿嘉島のニシバマ 沖縄で美しい砂浜のひとつに選定されている。ボートの浮かんでいる付近はダイビングの名所でもある。上に横たわるのは座間味島。（2003）

与那国島の立神岩 日本の最西端・与那国島の海にそそり立つ玄武岩。岩は「たてぃがん」と呼ばれ、海鳥の卵を採りに登った若者たちが悲しい事故にあった昔話がある。岩の近くを通る島の人は、畏敬の念を込めて頭を垂れる。(2003)

久米島の畳石 海水の浸食でつくられた自然の造形美。石の一つひとつは畳一畳よりも大きい。(2007・12)

ハテの浜 久米島の東５キロにある砂浜だけの無人島。これも自然が生み出した造形。海に浮かぶ白い砂浜は、潮の流れで常に変化する。久米島から船で海水浴にくる。（2005・1・17）

ジュゴン 伝説の人魚のモデルとされる絶滅危惧種。いつも前方を魚が泳いでいる。カメと遊ぶ光景も目撃されている。このジュゴンの貴重な採食場のある海をつぶして、普天間基地を移設する新たな基地建設が予定されている。(名護市嘉陽沖　2004・3・8)

沖縄島の東海岸を中城湾から北上してゆくと、ジュゴンを見つけることができる。名護市大浦湾の東方でよく見かける。（名護市嘉陽沖　2004・3・9）

ジュゴンのジャンプ 繁殖期などに見られる行動だという。子連れのジュゴンも撮影されている。熱帯・亜熱帯で生息するが、沖縄島北部が北限と見られていたが、奄美近海でも見つかっている。（名護市嘉陽沖　2000・11・8）

海面でジャンプした後、泳ぎだすジュゴン。ピンクの色が鮮やかだ。（名護市嘉陽沖　2000・11・8）

琉球王朝時代、八重山の新城島から琉球王に献上されたというジュゴン。宮古島にもジュゴンの方言名（ジャン）があり、かつては琉球列島全域に生息していたと思われる。（名護市嘉陽沖　2003）

アホウドリの繁殖地 尖閣はかつてアホウドリの島で、明治時代にその羽毛を採取・加工する工場があった。乱獲により絶滅の危機に瀕しているが、現在もなお20羽未満のアホウドリが生息する。特別天然記念物。（尖閣諸島・南小島　2002・3・12）〈絶滅危惧種〉

アホウドリの幼鳥 左の黒い鳥はアホウドリのヒナ。このとき 15 羽以上のアホウドリが確認された。（尖閣・南小島　2002・3・12）

尖閣・南小島　この南小島（手前）と北小島に特別天然記念物アホウドリは生息する。後方は魚釣島。(2002・3・12)

南小島の北側は断崖、南側は平たんである。(2002・3・12)

仲ノ神島 西表島と与那国の中間に位置する無人島で、海鳥の王国である。島の南側はこのように断崖絶壁となっている。(2004・1・6)

セグロアジサシの営巣地・仲ノ神島。後方にかすんで見えるのは西表島。ボートで約 50 分の距離にある。現在は島そのものが天然記念物になっていて、上陸は禁じられている。（1996・6）

初夏の繁殖期、セグロアジサシはこのように地上に卵を産む。以前は、人々が卵を採りに上陸していたという。（仲ノ神島　1996・6）

仲ノ神島を覆う海鳥の群れ。後方には与那国島が位置している。（1996・6）

硫黄鳥島 久米島町に所属するが、鹿児島県との県境・北緯 27 度線を越えて鹿児島県側に入り込んでいる。沖縄唯一の火山島で、海岸に温泉が湧いている。(2002・2・27)

硫黄鳥島の火山噴火口

琉球王朝時代の中国との進貢貿易では、ここで採れる硫黄が重要な沖縄産品のひとつだった。(2002・2・27)

これも硫黄鳥島の火山噴火口。雨水がたまってできた池は、火口湖独特の色をしている。現在も火山活動を続けている。(2002・2・27)

鳥島(久米島町) この島は嘉手納飛行場を基地とする米軍機の実弾演習場である。毎日のように行われる実弾演習によって島は変形し草木が育つことはない。(1997・2・24)

鳥島（久米島町）に撃ち込まれた砲弾の中には不発弾も残っており、上陸は危険である。また砲弾には劣化ウラン弾も多く含まれていることがわかり、問題となった。
（1997・2・24）

イジュの花 沖縄島の北部山岳地帯「やんばる」にはイジュ（ヒメツバキ属）が多い。沖縄の梅雨の季節の、このイジュの花が咲くころ、ノグチゲラも巣立つ。(国頭村 2004・5・27)

やんばるの森 国頭村・奥間川上流の森の中である。渓流は常緑広葉樹に覆われている。ノグチゲラの巣が数カ所見つかった。(2004・4・15)

ヤンバルクイナのつがい ヤンバルクイナは、このやんばるの森だけに生息する固有種（天然記念物）。飛べない鳥で有名。繁殖期にはつがいで行動する。県道横の草むらで採餌していた。（2013・4）〈絶滅危惧種〉

ヤンバルクイナの親子 なかよく寄り添って食物を探す。(2009・5・3)

満月とヤンバルクイナ

ヤンバルクイナはほとんど決まった木で眠るが、常に同じ木とは限らない。身の危険を感じると、二度とその木に登らない。夜のねぐらの木を見定め、満月の昇るのを待ってひとつのショットに収めるのは容易でない。（国頭村 2000・5・9）

樹上でなかよく目ざめたヤンバルクイナのつがい。一夜の間にも場所を移動することがある。（2010・9・10）

ヤンバルクイナの決闘　①ヤンバルクイナも決闘する！　路上でにらみあう２羽。種の保存をかけた繁殖期の行動。(国頭村　2010・4・29)

②いきなりパンチを繰り出した。

③空中に跳び上がって攻撃。

④ついに一方がダウン。

⑥決着がつき、一方が「参りました」と頭を下げる。

⑤ダウンしたところにさらに蹴りを入れる。

⑦あとはサッパリしたもの。何事もなかったかのように別れる。

ノグチゲラ ノグチゲラもヤンバルクイナ同様にやんばるの森だけに生息する固有種（特別天然記念物）。キツツキの一種で鋭いくちばしで木の幹をうがって巣をつくり、子育てをする。（国頭村　2009・5）〈絶滅危惧種〉

ノグチゲラは雌雄交代で卵を温める。巣穴から出てくるのは雌の親鳥。雌鳥の頭頂は黒色だが、この雌鳥は金色だった（雄鳥の頭頂は暗赤色）。（2012・４）

このように巣穴から同時に２羽のヒナが顔を出しているのが撮影されたのははじめてである。(国頭村 2011・5・25)

ヒナに食べ物を運ぶノグチゲラ。樹洞の巣で１～３羽のヒナを育てる。この巣からは３羽が巣立ったと見られる。（2011・5・20）

ホントウアカヒゲの雌 この鳥も沖縄諸島の固有亜種（天然記念物）である。ヒナが巣立ちのとき、雌の親鳥はヒナの巣立ちを促してよく鳴く。（国頭村　2013･4･15）〈絶滅危惧種〉

ホントウアカヒゲの雄 雄もまた美しい声でさえずる。とくに繁殖期によく鳴く。雄は雌と異なり顔から胸にかけて黒色なのですぐにわかる。(国頭村)

ホントウアカヒゲのヒナと親鳥 ヒナはどこにいる？　大きく開いた赤い口がヒナだ。3月末ごろから樹洞でよく営巣する。（国頭村　2006・5・3）

ホントウアカヒゲの幼鳥

巣立ったばかりでまだ飛ぶことができない。親に食物を運んでもらいながら、次第に飛ぶことを覚えてゆく。（国頭村　2013・4・15）

ヨナグニカラスバト

光線の具合によって緑色や紫色に光って見えるこの鳥は、琉球列島以外にも九州や四国、伊豆七島などにも生息する。この写真は宮古島で撮影。天然記念物。(2001)〈準絶滅危惧種〉

キンバト 宮古島から八重山諸島に生息する。緑色の羽が美しい。（宮古島市　2001）〈絶滅危惧種〉

リュウキュウアカショウビン カワセミの仲間だが、全身が赤褐色、くちばしも鮮やかな赤色だ。早起きで、夜が明けない暗いうちから食物を捕る。（西表島西部）

貝を割るリュウキュウアカショウビン 貝の中身を食べるため、くちばしを真上に振り上げ、勢いをつけて石にたたきつける。くわえているのは天然記念物のオカヤドカリ。（西表島西部　2004・7・1）

殻は見事に割られオカヤドカリが飛び出す。西表島西部のこの地域のリュウキュウアカショウビンだけにみられる“特技”だ。親から子へと引きつがれている。（西表島西部　2007・6・17）

リュウキュウアカショウビンの子育て 殻を割ったヤドカリを自分が食べるのではなく、ヒナに運ぶ。枯れたヤシの木での営巣は、西表島では民家の近くで普通に見られる光景。（西表島西部　2002・7・11）

テッポウユリ 沖縄島から西方へ 50 キロ、慶良間諸島よりさらに北西の渡名喜島の崖に咲いていた。遠くに見えるのは慶良間諸島。(2005・4・27)

ハマボッス 山羊のことをピンザという宮古島では、山羊の内臓に形が似ているからか、この花もピンザの方言名がついている。(宮古島市東平安名崎)

オキナワギク 小さな野菊。沖縄島北部の海辺の崖に咲いていた。毎年 11 月ごろ海岸に咲く。（2004・11・26）〈絶滅危惧種〉

ウコンイソマツ 海水に浸って生きる植物。ウコン（カレーの原料）の色に似ていることからこの名がつく。昔から薬用に乱掘されて少なくなった。10月から花をつける。（沖縄島南部　2006・9・8）〈絶滅危惧種〉

ヨナグニイソノギク その名の通り与那国島の固有種。１月末から岩地に咲く。土砂崩れや盗掘で絶滅の危機にあり、撮影は困難である。右上は軍艦岩。（与那国島 2007・3・4）〈絶滅危惧種〉

アツバクコ 南北大東島に見られる固有種。海岸の岩場に生育し、１月に赤い実をつける。(2013・1・22)〈準絶滅危惧種〉

グンバイヒルガオ 葉が軍配に似ていることに由来する。沖縄の砂浜で多く見かける。（国頭村　2004・6・2）

クソエンドウの群生 ヨナグニウマが放牧されていた与那国島の海辺の草原で撮影した。ここにはイリオモテアザミなども咲く。（2013・2・10）

ナガバイナモリの群生 湿地帯に群生する。滝の上流などで多く見らる。花は２月ごろに咲く。(西表島西部　2003・2・6)

サイヨウシャジン　10月末から可憐に咲く。朝の陽の光を浴びて群生する姿は、一段と美しい。この写真は渡嘉敷島で撮影したが、久米島、沖縄島でも見られる。(2005・12・1)

リュウキュウヤマガメ やんばるに生息するこのヤマガメも天然記念物に追加された。森の哲学者と称される。（国頭村　2004・5・21）〈絶滅危惧種〉

セマルハコガメ　ヤマガメのみならず沖縄に生息するカメ類はすべて天然記念物に指定されている。石垣島、西表島に生息するこのカメは、頭や尾を完全に甲羅の下に閉じることから、ハコガメの名がついた。（西表島　2003・10・8）〈絶滅危惧種〉

アカウミガメの産卵 産卵のため砂浜を掘る姿が多くは初夏に見られるが、真冬の１月に座間味島で産卵を目撃したこともある。このカメも天然記念物。（沖縄島北部　2003・７・５）〈絶滅危惧種〉

産卵する母ガメ。（沖縄島北部　2003・6・15）

平均 60 日で子ガメは誕生する。（沖縄島北部　2003・7・11）

アカウミガメ
産卵を終えた母ガメは、明け方に海へ帰る。2週間前後で再び産卵するために同じ浜にやってくる調査結果が公表されている。（沖縄島北部　2003・6・15）

ヤシガニ 夜中、イリオモテヤマネコを撮影中に人が枯葉を踏む音がしたので撮影小屋を飛び出すと、巨大なヤシガニだった。陸生のヤドカリで、体重１・３キロにもなるという。（西表島　2003・２）〈絶滅危惧種〉

川を渡る
リュウキュウイノシシ

西表島西部のクイラ川上流で、イリオモテヤマネコを撮影するためカヌーで行く途中で遭遇した。（2003・7・17）

リュウキュウイノシシ

このイノシシには沖縄島北部の国頭村で出会った。いきなりカメラに向かって突進してきた。

ケナガネズミ

特別天然記念物。近くで観察すると長い剛毛が目立つ。沖縄県内では本島北部に生息するが、奄美大島や徳之島にも生息する。（国頭村　2010・8・20）〈絶滅危惧種〉

ケナガネズミ

１属１種の日本固有種で、主に樹上で生活する。夜行性だが、早朝、餌場を異動するとき交通事故に遭う。（国頭村　2010・8・20）

ヤンバルテナガコガネ 沖縄を代表する昆虫で日本最大のカブトムシ。天然記念物。雄は体長５～６センチになる。やんばるにのみ生息する。（国頭村　1991・５）
〈絶滅危惧種〉

ヤンバルテナガコガネ 大木の樹洞の中で生活する。美しく最大のカブトムシということから、発見当時、密漁が横行した。（国頭村　1990・7）

クロイワトカゲモドキ 夜行性で、山地の森林や石灰洞に生息している。沖縄県指定天然記念物。（国頭村　2001）〈絶滅危惧種〉

イボイモリ 原始的な形態を有し、学術的に貴重な種である。沖縄県指定天然記念物。（国頭村　2008・5・4）〈絶滅危惧種〉

オキナワイシカワガエル 沖縄島の固有種。緑色が鮮やかだ。沖縄県指定天然記念物。（国頭村　2002）〈絶滅危惧種〉

オキナワイシカワガエル 夜行性で昼間は土の穴や樹洞などで休む。（国頭村　2001）

キシノウエトカゲ　宮古、八重山に生息する日本のトカゲ類最大種。胴回りが太いので迫力がある。天然記念物。（西表島　2006・4・4）〈絶滅危惧種〉

ハブ ハブは冬眠をしないので、真冬に咬まれることも少なくない。このハブは実は南風原町の隣家の庭の樹上で小鳥をねらっていた。妻からの急報で撮影した。(2008・5・18)

オオゴマダラのサナギと幼虫 日本で最大のチョウで、琉球列島だけに生息する。（那覇市　2007・6・21）

オオゴマダラの羽化 多くは夕刻、金色のサナギから羽化して成蝶となる。（那覇市）

羽化を終えたオオゴマダラ 近年、沖縄県の6月23日の慰霊祭式典で、鳩のかわりに放つようになった。(那覇市)

蜜を吸うオオゴマダラ 群れて飛ぶ姿は海岸でよく見かける。宮古島市と石垣市は市のチョウに指定している。(阿嘉島)

コノハチョウ 羽を閉じたときには、その名のとおり木の葉にしか見えない。沖縄県指定天然記念物。（沖縄島・本部半島　2013・6・13）〈準絶滅危惧種〉

コノハチョウ　しかし羽を広げるとこのように鮮やかな色彩を放つ。天然記念物のため採取は禁止されている。左はツマグロヒョウモン。（沖縄島・本部半島　2013・6・13）

マサキウラナミジャノメ　八重山諸島の固有種といっても、石垣島と西表島だけに生息。（西表島　2006・3・8）

マサキウラナミジャノメ　羽は茶系統の地色に目玉模様で、羽を閉じるとよくわかる。

リュウキュウアサギマダラの越冬

南の島でも冬は寒い日もある。寒い日はこのように群れで寒さに耐える。(西表島東部　2006・2・7)

ツマベニチョウ シロチョウ科で世界最大級の種。10センチほどになる。幸せを運ぶチョウといわれる。(国頭村　2013・5・16)

オキナワチョウトンボ その名のとおりの姿である。沖縄島以南の琉球列島に分布する。（大宜味村　2005・6・6）

リュウキュウハグロトンボ　「ハグロ」といっても光線に当たると虹色に光る。奄美から台湾、中国に分布する。(国頭村　2008・8・23)

コナカハグロトンボ

八重山諸島の固有種で、石垣島と西表島にのみ生息。黒と褐色の羽。胴は赤い。（西表島西部　2003・6・6）

リュウキュウルリモントンボ

やんばるの渓流でよく見かける。交尾が終わってこのまま産卵する。上が雄、下が雌。(国頭村　2008・8・23)

ヨナグニサン 世界最大の蛾である。主に日本最西端の島・与那国島に生息するが、西表島にもいる。色の強さはハイビスカスに劣らない。(西表島西部　1993)
〈準絶滅危惧種〉

ミナミコメツキガニの大集団 潮がひき干潟ができると、砂の中から現れ、いっせいにハサミを振って「コメをつく」。（西表島西部　2005・2・25）

ミナミコメツキガニ　人の気配を感じると、あっという間に砂の中に身を隠す。（西表島西部　2005・2・25）

アオサンゴ

石垣島・白保の海のアオサンゴの大群落。その見事さは世界でも屈指とされる。その保全が新石垣空港建設で大問題となった。（1988・11・4）

海鳥の群れ
夕日を浴びながら餌場を群れて舞う。（西表島西沖　2006・8・6）

サガリバナ（別名サワフジ）
一夜限りの花で、夕刻に咲き、朝方には散る。一晩中、甘い香りが原生林に漂い、人を幻想の世界へいざなう。（西表島　2007・6・28）

川面のサガリバナ　一夜限りで咲き、散った花は川面を埋め尽くし、海へと流れてゆく。(西表島東部　2005・7・14)

セイシカ　3月はじめごろから開花する。幻の花と呼ばれ、薄いピンクの花びらが美しい。（西表島　2003・3・26）

川辺の森に咲いたセイシカ。（西表島仲良川　2003・3・26）

ナリヤラン 半世紀前まで西表には炭鉱があった。ナリヤの名は、その炭鉱の島（西表・内離島）の成屋集落の名に由来するという。真夏に咲く。（西表島西部 2005・7・15）〈絶滅危惧種〉

ナリヤラン
いかにも野に咲くランの風情。（西表島西部　2005・7・15）

カクチョウラン 5月、ノグチゲラが巣立ちのころに咲く。（沖縄島北部　2012・4・26）〈絶滅危惧種〉

イリオモテラン

これでもランだ。西表島の貴重種で、２月ごろに咲く。(2004・3)
〈絶滅危惧種〉

サクララン 花色が桃色で、葉がランに似ているのでサクラランと呼ばれているが、ランの仲間ではない。ガガイモ科のつる性の植物で、海岸近くの林の中などに生育する。（南風原町　2013・5・26）

ノボタン　梅雨のころ、西表地方から咲きはじめ、野山にピンク色が映える。（西表島　2006・5・16）

やんばるでは５月の終わりごろに咲きはじめる。イジュも同時期に咲き、ノグチゲラが巣立つ。（国頭村）

オキナワチドリ　1月、野原に群生する。たしかにチドリが舞っているようだ。（渡嘉敷島　2013・1）〈絶滅危惧種〉

ノゲイトウ　花が赤く燃えるような様子からその名が付いた、という。西表島では野生化して群生し細くなった種をよく見かける。（西表島　2006.7.11）

タイワンエビネ ラン科の多年草。西表島の山奥に咲く。山頂へと撮影に行く途中、蛭（ヒル）の攻撃を受けながら撮影をした。（西表島東部　2008・8・23）〈絶滅危惧種〉

オナガエビネ エビネにもいろいろな種がある。茎や根がエビのように見えることからエビネと呼ばれる。(2008・8・23)〈絶滅危惧種〉

リュウキュウエビネ 乱獲されて個体数が非常に少なくなってしまった。沖縄県の危急種に指定されている。(西表島)

ヤエヤマスズコウジュ　1月、岩の間に可憐に咲いていた。（与那国島　2013・2・10）〈絶滅危惧種〉

カワラナデシコ
８月、渡名喜島では畑などで普通に見られる。渡名喜村の村花。
(2005・4・27)

シマイワカガミ

湿地帯の岩の上に８月ごろ咲く。（沖縄島北部　2008・8・23）〈絶滅危惧種〉

フジボグサ

小さな花が密に咲く。藤の花に感じが似ていることから名付けられたといわれている。（西表島 2008・6）

シマアザミ　１月ごろに咲き、海岸の岩場で多く見られる。（与那国島　2013・１）

イリオモテアザミ　こちらも、同じ与那国島に咲くが、赤い色である。花の咲きはじめを撮影。（与那国島　2013・1）

ツルアダンの花
つる性のタコノキ科の植物で石垣島と西表島、小笠原諸島に分布している。（西表島　2005・3）

ヤエヤマノイバラ
入梅の５月、牛の放牧場でよく見かける。純白の花は野原を明るくする。トゲがある（石垣島 2005　5・25）

カンムリワシの若鳥

沖縄に生息する野鳥の中で最も大型の鳥。特別天然記念物でその飛翔する姿は、八重山地方の民謡や踊りに登場する。（西表島2003・３・２）〈絶滅危惧種〉

カンムリワシ まさに風を切って飛んでゆく。（西表島　1993・5）

ダイトウコノハズク 沖縄島の東 400 キロの太平洋上に位置する南北大東島の固有亜種。（南大東島　2013・1）〈絶滅危惧種〉

リュウキュウコノハズクの幼鳥
樹洞の巣穴から巣立ったばかりで、飛び立つ気配がなかった。（西表島）

リュウキュウオオコノハズクのヒナ 土の中でも営巣する。生まれて間もないが、その眼とくちばしはまぎれもなくオオコノハズクだ。（恩納村　2010・5）
〈絶滅危惧種〉

コウノトリ 越冬のため中国南部へ渡る途中で、沖縄へ時折迷い込んでくる。与那国島にも迷行してきた記録がある。特別天然記念物。（豊見城市　1986・2）〈絶滅危惧種〉

エサをくわえたコウノトリ　沖縄島の干潟で小魚、うなぎなどを獲る。（豊見城市　1986・2）

コハクチョウ 西表島へは毎年、数羽が飛来する。この年は８羽が群れて飛来した。（西表島東海岸　2006・２・21）

コウライアイサ カモの一種、コウライ（高麗）の名のとおり、朝鮮半島や中国東部から沖縄へまれに飛来する。雄雌ともに冠羽をもつ。世界的にも稀少で、国内でも記録が少ない。この年は３羽も飛来し、愛鳥家を喜ばせた。（西表島浦内川　1987・11・８）

ナベコウ
コウノトリの仲間で、沖縄には迷鳥としてまれに飛来する。（うるま市具志川　1985・12・27）

クロツラヘラサギ 顔が黒く、くちばしの先端がへら状に平たくなっているのでこの名がついた。毎年 10 羽以上が 11 月はじめころ沖縄に飛来する。（豊見城市 2011・2）〈絶滅危惧種〉

クロツラヘラサギの群れ 世界で約2000羽しか生息していない貴重な野鳥。朝鮮半島、黄海沿岸で繁殖し、ほとんどが台湾で越冬する。（豊見城市　2007・11・18）

ヨシゴイ　サギの仲間である。湖沼河川のヨシ（＝アシ）原に生息する。大東諸島では周年見ることができる。（南大東島　2013・１）〈準絶滅危惧種〉

リュウキュウヨシゴイ このヨシゴイはその名のとおり、奄美諸島以南に生息する。田イモ畑やイグサ畑でカエルや小魚を捕食する。（国頭村）

ムラサキサギ 八重山諸島が繁殖分布の北限とされるが、近年宮古島でも確認されている。西表島のマングローブ樹上で営巣している固体を確認した。（西表島 2006・5・16）

ツミの子育て タカ目タカ科だが、全長は30センチ（メス）と小さい。リュウキュウマツでよく子育てをする。（南城市玉城）〈絶滅危惧種〉

リュウキュウキビタキ スズメ目ヒタキ科の鳥。本州などに夏鳥として飛来するキビタキの亜種で、奄美以南の琉球列島では留鳥として生息するが、数は少ない。
(宮古島　2002・5・12)

アマサギの群れ 緑と白の対照が美しい。コサギ、チョウサギ、ダイサギなどといっしょに通称・シラサギと呼ばれる仲間である。（西表島　2006・4）

アカハラダカの群れ 沖縄でもかすかに秋の気配を感じる白露（９月初旬）のころ、朝鮮半島から九州経由で渡って来る。宮古島で多く見られる。（国頭村　1987・９）

アカハラダカの幼鳥

こうして見ると、まぎれもなくタカの仲間だ。（国頭村　1987・9）

サシバと残月　夏が終わって愛知県伊良湖岬に集結し、南方をめざして飛び立ったサシバは、寒露（10月初旬）のころに沖縄上空にさしかかる。沖縄では、秋の風物詩の一つとなっている。（国頭村　1990・10）〈絶滅危惧種〉

屋根に留まったサシバ
沖縄では秋の到来を告げる鳥。全長50センチ、その風貌はやはりタカ科の鳥だ。（西表島　1993・10）

リュウキュウサンコウチョウ
スズメ目カササギヒタキ科の鳥。目のまわりの鮮やかな空色が特徴だ。宮古島では営巣、繁殖する姿が容易に観察できる。（宮古島 2008・5・16）

リュウキュウサンコウチョウの巣立ち 巣の中で羽ばたきの練習を何回も繰り返していた。（宮古島　2008・5・16）

コアジサシの抱卵

カモメ科。鳥の顔も正面から見るとおもしろい。繁殖期を過ぎると、額の白い部分が広くなり、頭の黒い部分が褐色に変わる。（豊見城市　2011・6）〈絶滅危惧種〉

コアジサシの子育て つがいの２羽の中央にヒナがいる。親同士でもエサを与え合うことがある。（豊見城市　2011・6・28）

カツオドリの親鳥とヒナ　カツオドリ目カツオドリ科。純白の羽毛の方がヒナである。親鳥は空中からダイビングして魚を獲る。（仲ノ神島　1996・6）

カツオドリの幼鳥

カメラを向けるとじっとにらんでいた。羽毛はすでに白から黒に変わっている。(仲ノ神島　1996・6)

ヒドリガモの群れ 海岸に湧水があり、食物が豊富で、冬場は野鳥が群れる。（糸満市大渡海岸　2007・12）

ベニアジサシの群れ 琉球列島で繁殖をし、冬は南へ去る。脚につけられたバンドの記録によってオーストラリアから飛来していることが確認された。（南城市知念・コマカ島）〈絶滅危惧種〉

ダイトウメジロ 南北大東島の固有亜種。沖縄本島のメジロより首のまわりの黄色が目立つ。（2013・1・11）

ヒカンザクラとメジロ 沖縄のサクラ「ヒカンザクラ」は 12 月末から咲く。この写真も春ではなく真冬の写真である。（国頭村　2013・1）

ヒカンザクラ　桜祭りは日本一早く、１月に本部町、今帰仁村、名護市で開催される。（名護市　2006・１・25）

ケラマツツジ　２月ごろから野山を彩る。渡嘉敷島では墓参りのとき、仏前などに供える。（渡嘉敷島　2013・２）

マングローブ　仲間川下流には大木となったマングローブが点在する。写真はヤエヤマヒルギ。カヌーを漕いでいくと多くの野鳥に出会える。(西表島　2005・7・12)

サキシマスオウノキ
根が成長して板状になる（板根）。仲間川の上流にあり、多くの観光客が訪れる。（西表島東部 2005・7・14）

ハシブトカラスとデイゴの花 デイゴは沖縄の県花である。３月ごろから燃えるような深紅の花が咲く。カラスはデイゴの花を食べる。（西表島）

バリバリ岩 地殻が変動していることを証明する岩だという。間に入ると神秘的な気分になる。（南大東島　2012・12・29）

ダイトウオオコウモリ

コウモリは哺乳類だ。それで動物のようなじゃれ合うしぐさもするのだろうか。 繁殖期になると見かける光景である。大東諸島の固有種。(南大東島　2013・1・23)〈絶滅危惧種〉

ダイトウオオコウモリ 民家の庭先のヤシの木によく来るのを撮影した。ツバサに、ぶらさがる時のカギがついているのがよくわかる。（南大東島　2012・12・29）

辺戸岬の虹　岸壁にかかる虹。波が高く晴れた日には、波に砕けるしぶきに虹ができる。故郷・宮古島の東平安名岬にできる虹を思い出す。（沖縄島最北端・辺土岬　2003・12・3）

日没帯食 部分日食したまま太陽が沈む「金環部分日食」に、クジラを撮影中に出会った。真っ赤な大きな三日月が沈んで行く光景は、神秘的だった。（座間味島沖 2010・1・15）

緑の太陽（グリーンフラッシュ）　日没直前、太陽は緑の閃光を放つ。日が昇る直前にも見られるという。これを見たら幸せになれるという。40 年間追いつづけて、やっととらえた一コマである。（座間味島沖　2010・9・27）

◆解説◆

琉球列島の生物多様性と世界自然遺産

花輪　伸一［元WWFジャパン自然保護室］

日本では、屋久島と白神山地（いずれも1993年）、知床（2005年）、小笠原諸島（2011年）の4地域が世界遺産条約（注1）の自然遺産に登録されている。さらに2013年1月には、琉球列島が「奄美・琉球」（注2）の名称で日本政府の暫定リストに記載された。

今後は、登録する島々と区域の確定、保護区など保護管理体制の充実、ユネスコ世界遺産センターへの推薦書の提出、諮問機関のIUCN（国際自然保護連合）による調査と評価、世界遺産委員会の審査など、登録に必要な条件の整備と条約上の手続きが進められる。

一方、琉球列島では、世界的に重要な生態系、生物多様性を有しているにもかかわらず、各種の大規模開発や米軍基地の建設と軍事演習が、自然環境と野生生物に重大な脅威をおよぼしている。そのため、自然遺産への登録とその後の保全を確実に行うためには、これらの脅威を除去し、持続可能な保護対策を策定して実行しなければならない。

ここでは、琉球列島の生物多様性の価値とそれに対する脅威について述べ、自然遺産登録に向けて必要な保護対策について考えてみたい。

1　琉球列島の生物相の成り立ち

❊地　史

琉球列島（琉球弧）は、九州から台湾までの間、約1300キロにわたって弓状に連なる島々である（注3）。これらの島々は、地史的に見ると、約1500万年前（新生代新第3紀中新世中期）からの激しい地殻変動（ユーラシアプレートの下へのフィリピン海プレートの沈み込み）による隆起や沈降によって、ユーラシア大陸から分離して形成された大陸島と考えられている。また、約170万年前（第4紀更新世初期）からは、氷河性海面変動によって、大陸や近隣の島々との結合（陸橋）および島々への分離（隔離）をくり返してきたとみられている。

さらに、島々の沈降または海面の上昇により、島の周囲にサンゴ礁を発達させ石灰岩層を形成して、島を形づくってきた。

❊動物の移動と隔離

琉球列島がユーラシア大陸と陸続きの時代には、いろいろな動物が分布域を拡大し移動してきた。しかし、多くの島々に分離した時代には、沈降または海面上昇によって水没した島々（低島）では絶滅している。海面上に残った島々（高島）では、大陸では絶滅した種が隔離され遺存種として生き残ることがあった。また、数万年から百数十万年以上にわたって孤立し、隔離された島々では動物が独自の進化をとげてきたことから、現在のような固有種・亜種の多い生物多様性に富む動物相が生み出されたと考えられている。

❇分布境界線

世界の動物地理区分によれば、琉球列島は東南アジアとインドを含む東洋区の北東端に位置し、熱帯アジアの動物の分布北限にあたる。また、ユーラシア大陸の大部分を占める旧北区の南東端に接し、日本列島、朝鮮半島などの温帯〜寒帯の動物の分布南限にあたる。そのため、両区の移行帯として、動物の分類群によっては南北両方の要素が加わり、豊かな動物相を形成している。これが、生物多様性に富むもうひとつの理由である。

琉球列島には、３本の動物分布境界線が引かれている。いずれも関係する研究者の名前にちなんでつけられている。北から三宅線（大隅海峡、昆虫類）、渡瀬線（トカラ海峡、哺乳類・爬虫類・両生類）、蜂須賀線（沖縄島と宮古島の間、鳥類）であり、そのうち渡瀬線が動物地理区の東洋区と旧北区を分ける境界とされている。

渡瀬線のあるトカラ海峡（悪石島と小宝島の間）は水深1000メートルを超え、約170万年前（第４紀更新世初期）には、すでに成立していたと考えられている。そのため、地上性の動物はトカラ海峡を越えることができず、この海峡以南の中琉球（奄美諸島、沖縄諸島）および南琉球（宮古諸島、八重山諸島）では、それ以北の北琉球（大隅諸島、トカラ列島）(注４) と動物相が異なっている。

❇亜熱帯林

世界的に見ると、緯度20度から30度の間に位置する亜熱帯は、大部分が乾燥地帯で砂漠や草地が多く森林はほとんど発達していない。しかし、琉球列島沿岸には暖流の黒潮が北上し、夏冬には季節風（モンスーン）が吹くため、島々には平均で年間2000ミリを超える降水量がある。

そのため、温暖多湿な亜熱帯性気候となり、山地や丘陵にはイタジイやオキナワウラジロガシ、タブノキ、イスノキなどが優占する常緑広葉樹の亜熱帯林が発達している。

地球上でこのような亜熱帯林が広がるのは、屋久島の低地から琉球列島、台湾の低地、中国の一部など限られた範囲のみであり、たいへん貴重である。

植物の種数も多く、奄美大島以南では1700種を越える維管束植物が記録され、そのうち約100種が固有種である。亜熱帯林は、多種多様な動物の生息場所としても重要である。

2　琉球列島の生態系、生物多様性とその価値

世界自然遺産に登録するための評価基準は、（1）自然現象や自然美、（2）地球の歴史を代表する地形・地質、（3）生態系や動植物の進化・種分化、（4）絶滅のおそれのある種や生物多様性の４項目のうち、最低ひとつを満たす必要がある。それぞれの基準は、地球上で類まれなもの、代表的で顕著な見本、普遍的価値を有するものなど、かなり厳しい内容になっており、基準を満たすことを科学的に証明しなければならない。

琉球列島は（3）と（4）の基準を満たすとされることから、その自然環境と野生生物、生物多様性の価値は地球上でたいへん高いものである。

❇種分化

琉球列島の島々では、山地や丘陵の亜熱帯林、淡水の河川や湿地、河口のマングローブ、沿岸の干潟や藻場、サンゴ礁がコンパクトに結びついた島嶼生態系を形成しており、それぞれの生

息場所に多様性に富む生物相がみられる。また、地球上でこれらの島々にのみ分布する固有種・亜種が数多く認められる。これは、島々への生物種の隔離とそこでの種分化の生物学的過程を示す実例として貴重である。

以下にいくつかの動物の種・亜種分化の例(注5)、主に分布する島、また、環境省レッドリストのカテゴリーを右に記した。

環境省レッドリスト(2012年)のカテゴリー

絶滅 (EX)	我が国ではすでに絶滅したと考えられる種
野生絶滅 (EW)	飼育・栽培下あるいは自然分布域の明らかに外側で野生化した状態でのみ存続している種
絶滅危惧Ｉ類 (CR+EN) 絶滅危惧ＩＡ類 (CR) 絶滅危惧ＩＢ類 (EN)	絶滅の危機に瀕している種 ごく近い将来における野生での絶滅の危険性が極めて高いもの ＩＡ類ほどではないが、近い将来における野生での絶滅の危険性が高いもの
絶滅危惧II類 (VU)	絶滅の危険が増大している種
準絶滅危惧 (NT)	現時点での絶滅危険度は小さいが、生息条件の変化によっては「絶滅危惧」に移行する可能性のある種
情報不足 (DD)	評価するだけの情報が不足している種
絶滅のおそれのある地域個体群 (LP)	地域的に孤立している個体群で、絶滅のおそれが高いもの

日本産哺乳類は110種（クジラ類を除く）とされ、そのうち琉球列島産は31種・亜種で13種が固有種である。固有種では、アマミトゲネズミ（奄美大島、EN)、トクノシマトゲネズミ（徳之島、EN)、オキナワトゲネズミ（沖縄島、CR）のように同属の種が島ごとに種分化したものや、エラブオオコウモリ（口之永良部島ほか、CR)、ダイトウオオコウモリ（北・南大東島、CR)、オリイオオコウモリ（沖縄島ほか、EN)、ヤエヤマオオコウモリ（宮古・八重山諸島）のように島ごとに固有亜種に分化したものが少なくない。

原始的形態を残す遺存種としてアマミノクロウサギ（奄美大島・徳之島、EN）があげられる。イリオモテヤマネコ（西表島、CR）は大陸のベンガルヤマネコから隔離された固有亜種である。

爬虫類は日本産が89種とされている。琉球列島産は68種・亜種で32種が固有種である（ウミガメ類、ウミヘビ類を除く)。トカゲモドキ属が島によって、クロイワトカゲモドキ（沖縄島ほか、VU)、オビトカゲモドキ（徳之島、EN)、マダラトカゲモドキ（阿嘉島ほか、EN)、イヘヤトカゲモドキ（伊平屋島、CR)、クメトカゲモドキ（久米島、CR）の固有亜種に分化している。

ヤモリ類（ヤクヤモリなど）やトカゲ類（オキナワトカゲなど)、ヘビ類（ハブなど）でも同様の種・亜種分化がみられる。

両生類は日本産が64種とされ、琉球列島産が30種・亜種で17種が固有種とされる。特にカエル類は15種が固有種で、ニオイガエル属がアマミイシカワガエル（奄美大島、EN)、オキナワイシカワガエル（沖縄島、EN)、アマミハナサキガエル（奄美大島・徳之島、VU)、ハナサキガエル（沖縄島、VU)、コガタハナサキガエル（石垣島・西表島、EN)、オオハナサキガエル（石垣島・西表島、NT)、バビナ属がオットンガエル（奄美大島ほか、EN)、ホルストガエル（沖縄島ほか、EN）のように隔離された島々や諸島間での種分化が進んでいる。

一方、イボイモリ（奄美諸島、沖縄諸島)、シリケンイモリ（同）は、同一種が複数の諸島に分布している。

鳥類は移動性が高いことから、上記の分類群に比べると、固有種の数は少ない。日本で記録された種は633種で、琉球列島では約500種・亜種が記録されているが、固有種はルリカケス（奄美大島ほか）、アカヒゲ[注6]（琉球列島、EN・VU）、アマミヤマシギ（奄美大島、沖縄島ほか、VU）、ヤンバルクイナ（沖縄島、CR）、ノグチゲラ（沖縄島、CR）の５種のみである。

一方、固有亜種は、北琉球では、ヤクシマヤマガラ、ヤクシマカケス、中琉球では、オーストンオオアカゲラ（EN）、オオトラツグミ（EN）、ダイトウコノハズク（EN）、南琉球では、カンムリワシ（CR）、リュウキュウツミ（EN）、オリイヤマガラ（NT）など約40種の留鳥、繁殖鳥があげられる。

❊絶滅のおそれのある種

一般的に、面積が小さい島々では、大きい島や大陸に比較して生息する動物の種数、個体数が少ない。そのため、自然災害や人為的開発による生息地の破壊、人間による捕獲や狩猟、外来種の天敵の侵入による捕食など、また、これらの複合によって個体数が激減した場合には、回復困難となり地域的な絶滅が起こりやすい。

とくに琉球列島では固有種・亜種が多いことから、島での危機的状況と個体数減少が、そのまま地球上での絶滅に直結することになる。

そのため、多くの固有種、固有亜種が絶滅のおそれのある種としてレッドリストに記載されている。

環境省レッドリスト（2012年）によれば、日本産哺乳類のうち34種・亜種が絶滅危惧Ⅰ類（CRとEN）、絶滅危惧Ⅱ類（VU）と判定されている（クジラ類を除く）。そのうち、琉球列島産の種・亜種は17種で35％を占めている。同様に、爬虫類では、日本産36種・亜種の絶滅危惧種のうち琉球産は28種・亜種で78％を占める（ウミガメ類、ウミヘビ類を除く）。両生類では、日本産22種・亜種の絶滅危惧種のうち琉球産は10種・亜種で45％を占めている。

このように、琉球列島では、地上性の哺乳類、爬虫類、両生類では、絶滅危惧種の占める割合がたいへん大きい。一方、鳥類は、日本産97種・亜種の絶滅危惧種のうち、16種・亜種（16％）が琉球列島を主要な生息場所としているが、割合は比較的小さい。

3　生物多様性への脅威

琉球列島の島々は、それぞれがコンパクトで壊れやすい島嶼生態系であるため、各種開発や人為的攪乱が、自然環境を改変し野生生物の生息場所を破壊する直接的な脅威となっている。大きな脅威として以下のものがあげられる。

❊森林伐採

豊かな亜熱帯林が広がる沖縄島北部（やんばる）の国頭山地では、復帰後も年間100～300ヘクタールの自然林の伐採が行われてきた。現在では伐採量は10分の1程度に減少したが、それでもなお継続されている。林道も網の目状に建設されている。

また、「不良木等を除去するための除伐等（複層林改良）」と称する自然林の下刈りが年間90～200ヘクタールも行われ、自然林の階層構造を歪めるとともに、昆虫類の多様性を著しく低下させ、哺乳類や鳥類、灌木や草本の多様性をも損なっているとみられる。

奄美大島でも大面積皆伐が行われてきたが、1990年代以降は減少し、森林は回復傾向にあると言われている。しかし、短伐期の小規模伐採は続いており、新たな伐採やチップ工場建設計画が絶えない。

❊公共事業

沖縄島北部では、多くの巨大ダムが建設されたことにより、森林伐採、原石山での岩や骨材の採取、管理道路の建設など、広範囲で環境が

やんばるの自然林を伐採しながら進められる林道工事。
(2008. 2.11　撮影・山城博明)

大きく改変された。特にダム湖は、渓流性の魚類、両生類、昆虫類などの生息場所を水没させることで、生物多様性の劣化と同一水系での絶滅の大きな原因になっている。

空港や港湾建設、土地造成の埋め立てや不適切な手法の護岸は、生物多様性が豊かな沿岸の干潟、藻場、サンゴ群集を破壊しつつある。泡瀬干潟の埋め立てなどがその例である。土地改良事業など陸上での土地改変は、河川の護岸や直線化とともに赤土流出を加速し、沿岸の生物の生息場所を悪化させている。

❊リゾート

ホテルとビーチ、ゴルフ場などとセットになったリゾート開発は、島々の規模に比べて過大あるいは集中するなどにより、自然環境が大きく改変されるだけでなく、排水や廃棄物の問題も生じる。

沖縄島、宮古島、石垣島、西表島などでは、島外や県外資本による土地の買い占めもあり、過剰な開発や利用による環境への悪影響が心配される。

❊外来種

沖縄島と奄美大島には、侵略的外来種のマングースが持ち込まれている。すでに沖縄島北部のやんばる、奄美大島中央部の金作原など生物多様性豊かな森林地帯に侵入しており、在来種の新たな捕食者として大きな脅威となっている。両地域とも捕獲わなによる駆除が行われ、密度は低下しているものの根絶は困難である。一方では、わなによる在来種の誤捕獲も報告されている。

❊軍事基地

沖縄島北部やんばるの森には、約8000ヘクタールの北部訓練場（ジャングル戦闘訓練センター）があり、米国海兵隊の戦闘訓練が森林内で日常的に行われている。また、この基地の北半分の返還条件として、垂直離着陸機オスプレイ用ヘリパッド6か所の建設計画があり、1か所はすでに設置された。

やんばるの亜熱帯林は固有種・亜種の宝庫であり、ヘリパッドの建設と戦闘訓練は、自然環境および野生生物にとって大きな脅威となっている。

また、辺野古・大浦湾・嘉陽の海域は、海草藻場やサンゴ礁が発達し、日本では最も絶滅のおそれの強い哺乳類であるジュゴン（CR）の生息場所となっている。

しかし、その辺野古沿岸に、普天間飛行場代替施設として大面積の埋め立てによる新たな軍事基地建設が計画されている。この計画が、同海域の生物多様性に決定的な影響を及ぼすことは避けられない。

4 世界自然遺産登録に向けて

世界自然遺産の登録には、厳しい登録基準と対象の完全性、保護措置が要求される。琉球列島のなかで登録を推薦する島々と区域については、まだ明確にされていないが、できるだけ多くの島々を対象にして広い区域を指定し、離れた生物多様性のホットスポットも重要地として統合し、関連遺産として含めることが期待される。

しかし、登録にいたるまでには、前述の諸問題を解決し、生物多様性に対する脅威とその原因を取り除き、保護措置を実現しなければならない。

❊開発計画の変更

島々への動物種の隔離とそこでの種分化および多くの絶滅のおそれのある固有種・亜種を含む生物多様性が琉球列島の生物学的特徴であり、亜熱帯林と淡水の生態系がその特徴を支えている。したがって、自然遺産に登録されるためには、亜熱帯林と淡水系の厳正な保全が要求される。

沖縄島北部では、林道建設と自然林の伐採や下刈りが続いているが、このような森林計画を根本的に見直す必要がある。特に、沖縄県による「やんばる型森林業の推進案」は、自然林の伐採継続を前提にしていることから、世界自然遺産への登録とは相容れない。

沖縄島の大浦湾、泡瀬干潟においては、底生動物の新種記載が相次いでいることから、琉球列島の特徴となる種分化と生物多様性の形成が沿岸域においても進んできた可能性が高い。今後の研究が必要であるが、干潟、藻場、サンゴ礁など沿岸域の埋め立ては止めるべきである。

❊米軍基地建設の中止と返還

軍事基地と戦闘訓練は、世界自然遺産の精神と大きく矛盾し乖離している。東村高江のヘリパッド建設は中止し、すでに施工した部分は自然再生すべきである。北部訓練場の亜熱帯林は、琉球列島の世界遺産登録では最重要区域であり、全域の返還と厳正な自然保護区の設定が必要である。

辺野古の新基地建設計画も大浦湾海域の生物多様性保護のため中止すべきである。

沖縄では、軍事基地の直接的な影響とともに、基地集中の見返りとしての振興資金が公共事業に使われ、自然環境を破壊し生物多様性を劣化させていることから、根本的な解決のためには日米安保と地位協定の見直しが必要である。

❊保護区の設置と持続可能な地域づくり

琉球列島の島々は、面積が小さいことや人々の生活の場であることから、保護区の数は少なく範囲も狭い。また、重要地域が含まれないところも少なくない。自然遺産登録のためには、利害関係者の合意を得て保護区を拡大していく必要がある。

遺産登録は、琉球列島の地球レベルでの普遍的な価値を世界が共有し、モニタリングしながら保護管理し、後世に伝えることが目的である。そのため、遺産登録した地元では、その価値を維持しながら持続可能な地域づくりを行うことが必要となる。

住民も行政も発想の転換が必要であり、林業や漁業は自然遺産の守り手、教育的ツーリズムの担い手としての新たな地場産業を形成し、土建業は自然再生中心の産業へと転換することが期待される。

（注１）「世界の文化遺産及び自然遺産の保護に関する条約」は1972年に採択され1975年に発効し、190か国（2012年９月現在）が加盟している。日本は1992年に加盟した。

（注２）暫定リストの「奄美・琉球」の範囲は北緯24度～29度、東経123度～130度で、トカラ海峡以南の島嶼とその周辺海域とされている。これより北では、すでに「屋久島」が登録されている。

（注３）名称は、目崎茂和（1985）にもとづく。「琉球列島」は大陸から離れた海洋で隆起した海洋島の大東諸島と東シナ海大陸棚にある尖閣諸島を含まないが、本書ではこれらを含めている。目次裏に琉球列島の地図と動物の分布境界線を示した。

（注４）琉球列島は、トカラ海峡（悪石島と小宝島の間）と慶良間海裂（沖縄島と宮古島の間）の海底地形を境界線として、北琉球、中琉球、南琉球に区分される。

（注５）研究者によって分類群ごとの種・亜種数には見解の相違がある。

（注６）３亜種に分けられ、長崎県男女群島にも生息する。

《参考資料》

・阿部永監修　2008　日本の哺乳類［改訂２版］　東海大学出版会
・伊藤嘉昭　1995　沖縄やんばるの森―世界的な自然をなぜ守れないのか　岩波書店
・沖縄県　2005　改訂版 レッドデータおきなわ－動物編－　沖縄県
・沖縄野鳥研究会編　2010　改訂版沖縄の野鳥　新星出版
・環境省　2012　絶滅危惧種情報　環境省自然環境局生物多様性センター・ホームページ
・環境省　2013　記者発表資料・「奄美・琉球」の世界遺産暫定一覧表への記載について
・木崎甲子郎編著　1980　琉球の自然史　築地書館
・桜井国俊ほか編著　2012　琉球列島の環境問題　「復帰」40年・持続可能なシマ社会へ　高文研
・平良克之・伊藤嘉昭　1997　沖縄やんばる亜熱帯の森　高文研
・WWFジャパン　2009　南西諸島生物多様性評価プロジェクト報告集　WWFジャパン
・日本鳥学会　2012　日本鳥類目録　改訂第７版　日本鳥学会
・日本爬虫両生類学会　2012　日本産爬虫両生類標準和名（2012年改訂案）　同学会ホームページ
・花輪伸一　2006　屋久島の鳥類相と垂直分布　世界遺産屋久島　朝倉書店
・前之園唯史・戸田守　2007　琉球列島における両生類および陸生爬虫類の分布　AKAMATA No.18　沖縄両生爬虫類研究会
・目崎茂和　1985　琉球弧をさぐる　沖縄あき書房
・吉田正人　2012　世界自然遺産と生物多様性保全　地人書館

《筆者》

花輪　伸一（はなわ・しんいち）

1949年、宮城県仙台市で生まれる。

東北大学理学部、東京農工大学農学研究科で、鳥類、哺乳類を学ぶ。

日本野鳥の会、後にWWFジャパン（世界自然保護基金）に勤務し、各地の干潟や琉球列島の鳥類調査、自然保護活動を地域のNPOとともに行う。

現在はフリーランスで、湿地や沖縄の環境問題に関わる。

✻——撮影後記

野生の鼓動を聴きつづけて

◆稀少動植物撮影の第一歩

沖縄本島北部の「やんばる」の森にのみ生息する〝幻の野鳥〟ノグチゲラの姿を、私がはじめてカメラでとらえてからちょうど40年になる。

新聞社のカメラマンになってまもない1973年の春、琉球大学の池原貞雄教授が案内されるノグチゲラの調査に同行させてもらうことになった。4月24日から3泊4日の日程だった。池原先生は動物生態学者で、沖縄生物学会の創立者のひとり、沖縄の自然保護に生涯をささげられた人だ。

はじめ先生は、自然に関してまったく専門的知識のない駆け出しの報道カメラマンの同行に困惑しておられたが、承諾した後は、初歩的なテントの設置の仕方から飯盒《はんごう》でのおいしいご飯の炊き方まで、懇切丁寧に教えてくださった。

このとき教わった「やんばる」の山での基本的なサバイバル術が、その後の私の野生動植物の撮影に大きく役立っている。山を歩く時は杖を持って歩くことをはじめ、ヤマモモや野イチゴの実を摘むとき、実を食べる小鳥を狙っているハブに注意すること、テントの床下には乾いた草を敷き、雨の時はテントから流れる雨水の排水溝を掘ること——などだ。

歩きながら、固有種や植物の名前を教わり、食べられる草と反対に食べたら危ない毒草を教えてもらった。また先生は、星空を見上げて、星の名称を教え、その位置や方角から時刻を学ぶことをすすめながら、「私の新婚旅行は与那覇岳（やんばるの最高峰）の縦走だったよ」と、若い日を懐かしみながらキャンピングの楽しさを語ってくださった。

3日目の夕刻、ノグチゲラがイタジイの幹にこしらえた巣で子育てする姿を初めて見た。予想していたより小さく感じたが、見慣れた故郷・宮古島の野鳥とまったく違う姿、くちばしで樹の幹を彫る光景に驚いた。当時はまだノグチゲラの撮影は稀で、モノクロとカラーフィルムの両方にその姿を収めることができたのは、駆け出しカメラマンとして最高の喜びだった。

◆故郷・宮古島の天蛇（てぃんぱう）

幼いころ、宮古島の方言しか話せない祖母が雨上がりの空を指差して、「てぃんばう」と言った。「てぃん」は「天」、「ぱう」は「蛇」、だから「てぃんばう」は「天の蛇」、天空に横たわる蛇、つまり虹のことだ。

それ以来、「天蛇」が私の心に棲みついた。私の郷里・宮古島にまつわる原風景は、すべてこの「天蛇」に象徴される風景としてある。

台風が過ぎた後の東平安名崎で、まだ荒れ狂う波のしぶきに、私は天蛇（虹）を見た。岩礁に這うポーヌミー（ポー〈蛇〉ヌ〈の〉ミ〈眼〉＝ヒメクマヤナギ）の実をほおばりながら、テッポウユリを摘んだのも忘れられない光景だ。

寒露の頃、日本本土から南へ向かうサシバ（タカ）の大群が、青空に黒雲となって流れていくのを見たのは、小学校の運動会だった。

真夏の夜、松明を照らして伯父と一緒にマクガン（ヤシガニ）捕りに行き、捕らえたマクガンを背負って帰った。

裏の林で、友と一緒に馬の長い尻尾の毛でわなを仕掛け、アカショウビンを捕らえて遊んだこともあった。あれからもう半世紀あまりが過ぎた。

1986年、ザトウクジラが戻ってきた慶良間海峡へ、クジラの撮影に出かけた。海面に姿を見せるのを待つ間、海底から響く不思議な鳴き声を聞いた。ザトウクジラのラブソングだった。

やがて呼吸のために上がってきたクジラは、海面から激しく海水を吹き上げた。そのしぶきに、私は一瞬、「天蛇」を見たのだった。

◆撮影を支えてくれた人とのつながり

1978年5月、西表島にイリオモテヤマネコとは異なる大型の山猫「ヤマピカリャー」が棲んでいる、という噂を聞いた。夏の話題として取材することになり、社会部デスクと記者と3人で同島を訪れた。

8年ぶりの西表島は、懐かしいジャングルの臭いがした。同時に、たしかに未知の動物が棲んでいるはずだ、と直感した。島の人たち40人余りから情報を収集した。実際に大山猫（ヤマピカリャー）を担いだという猟師の信憑性のある証言と、また別の人の台湾の雲豹（ウンピョウ）と体毛の模様が似ているという鮮明な記憶の証言から、イリオモテヤマネコ以外のネコ科の動物が存在する、と確信した。

以後、幻のヤマピカリャーを35年以上追い続けながら、生涯の友人を得た。私がこれまで多種の貴重動植物を撮影し、この写真集に収めることができたのは、地元の人たちと友人たちからの情報提供のおかげである。

1991年2月7日、ヤマピカリャー目撃者の一人である西表島船浮在住の猟師・池田米蔵さん（船浮海運代表）が、ジャングルを蛇行する川を遡った上流に小さな撮影用の小屋を建ててくれた。岸から離れた水上の小屋からレンズを向けると、ヤマネコの警戒心がうすれるからだ。米蔵さんはこのほかにも、自分所有の土地にいくつか小屋を建ててくれた。

3月、日没と同時に川岸でイリオモテボタルが乱舞しはじめる。7月初めの早朝、サガリバナが川面を埋め尽くす。月夜にはヤシガニが這い出し、朝夕はアカショウビンの美声が原生林にこだまする。干潮時にはイノシシが川を渡っていき、目の前のマングローブにはカワセミが留まって水中の獲物をねらう。自然に溶け込んで野生動物をロケーションする場として、絶好の場所であった。

連休や長期休暇を利用して、私はこの撮影小屋で寝泊りした。自分が撮影に行けない時は、自動撮影カメラに切り替え、その管理を米

延べ2年間、西表島西部の川で滞在した撮影用の小屋（1991・2）。ちなみにヤマネコ撮影には、沖縄森林管理署長に国有林野入林申請書を出している。

世界文化遺産・琉球王国のグスク及び関連遺産群の一つ、斎場御嶽（せーふぁーうたき）で。（南城市　2013・5・17）

蔵さんに依頼した。米蔵さんは船で定期的に撮影フィルムを回収、私のもとへ郵送してくれた。２年間で届いたフィルム（36枚撮り）は48本、合計1728コマを数える。

　このカメラの自動撮影装置を考案し、製作して提供してくれたのは、友人の電気技師・宮城信秀さんである。小屋を設置してから1年後の1992年2月15日早朝、本書8ページに掲載の川岸を歩くイリオモテヤマネコを撮影することができた。撮影した野生猫の写真の中で、私が最も気に入っているカットである。

◆滅びゆく稀少動植物

　1972年の日本復帰後、野生の宝庫であったやんばるの森も大きく変化した。復帰から約20年後の1993年、森を南北に縦断して東西に分断する大国林道（35・5キロ）が開通した。つづいて網の目のように林道が増設された。さらに林道沿いの自然林の伐採が広範囲にわたって行われ、やんばる野生生物の生息環境が狭められ、破壊されつづけてきた。

　森から追われたノグチゲラは道路脇の枯れた松の木で営巣（琉球新報2012年5月10日掲載）。これまでは営巣が確認されなかった外来木のタイワンハンノキでも営巣するようになった。

　餌場を失った天然記念物ヤンバルクイナやケナガネズミなどは、道路を横断中に車にはねられる輪禍が多発している。西表島でも、2013年5月14日、特別天然記念物イリオモテヤマネコが県道で車にはねられて死んだ。1978年以降、実に57件目である。このように琉球列島の各地で野生生物の生息環境が危機的状況に追い込まれている。

　沖縄諸島、先島諸島、大東諸島、尖閣諸島にはそれぞれに固有種が存在する。文字どおり稀少動植物の宝庫である。この豊かな自然環境と野生の命を、私たちの代で滅ぼしてしまうことなく、かけがえのない自然遺産として未来へ引き継いでゆくために、この写真集が役立てられることを心から願っている。

＊

　なお、前にも記したように、長期にわたった私の撮影には、実に多くの人たちのお世話になった。多くの地域の人たち、友人たち、そして勤務先の琉球新報社の先輩や友人たちに深く感謝します。

　また、自分の時間さえできれば撮影に出かける私を背後でささえてくれた家族と、本書の編集・出版にひとかたならぬご尽力をいただいた高文研の山本邦彦氏と同社前代表の梅田正己氏にお礼申し上げます。

2013年5月15日　**山城 博明**

山城 博明（やましろ・ひろあき）

1949 年、沖縄県宮古島に生まれ、育つ。沖縄大学在学中より、沖縄復帰闘争、全軍労闘争、ゼネスト、コザ反米騒動などを撮影。
1975 年、読売新聞西部本社に入社、85 年、琉球新報社に移る。この間、報道写真を撮るほか、琉球列島の自然、とくに野鳥や動物を数多く撮る。現在もライフワークとして、中国野生の朱鷺、アジアのクロツラヘラサギの生態を、中国や韓国にたびたび出かけて撮影し続けている。
写真展は、1995 年以降、「琉球の野鳥」を那覇、東京、札幌等で開き、99 年、中国漢中市での世界朱鷺保護会議で「中国野生の朱鷺」を開催。2013 年 6 月より「報道カメラマンが見た激動のＯＫＩＮＡＷＡ 42 年」（日本新聞博物館）を開催。
91、92 年度、九州写真記者協会賞受賞。
著書『沖縄戦「集団自決」消せない傷痕』（高文研）『報道カメラマンが見た復帰 25 年沖縄』（琉球新報社）『琉球の記憶・針突（ハジチ）』（新星出版社）

■琉球の聖なる自然遺産 **野生の鼓動を聴く**

●2013 年 8 月 1 日―――――― 第 1 刷発行

著　者／**山城 博明**　〈解説〉花輪 伸一

発行所／株式会社 **高 文 研**
東京都千代田区猿楽町２－１－８　〒 101-0064
TEL 03-3295-3415　振替 00160-6-18956
http://www.koubunken.co.jp

印刷・製本／シナノ印刷株式会社

■本書を無断で複写・複製・転載することを禁じます。
■乱丁・落丁本は送料当社負担でお取り替えします。

ISBN978-4-87498-519-9　C0045

◇高文研のフォト・ドキュメント/環境問題◇

イラク 湾岸戦争の子どもたち

●劣化ウラン弾は何をもたらしたか

森住 卓／写真・文 ２、０００円

湾岸戦争から10年、劣化ウラン弾の放射能によって激増した白血病や癌に苦しむ子どもたちの実態を伝える写真記録。

イラク 占領と核汚染

森住 卓／写真・文 ２、０００円

開戦前夜から占領下、5回にわたり取材、軍事占領と劣化ウラン弾による核汚染の実態を、鮮烈な写真と文で伝える！

新版 **セミパラチンスク**

●草原の民・核の爪痕

森住 卓／写真・文 ２、０００円

旧ソ連の核実験場での半世紀におよぶ放射能汚染の実態を、17年にわたる現地取材・撮影で伝える、〃核汚染〃の苦しみ！

中国人強制連行の生き証人たち

鈴木賢士／写真・文 １、８００円

戦時下、中国から日本に連行された中国人は四万人。うち七千人が死んだ。その苛烈な実態を生き証人の姿と声で伝える。

ふるさとの名は川崎

芹澤清人著 １、２００円

反公害闘争から「緑の憲法」制定、全国初の「オンブズマン制度」まで、住民参加の町づくりの歩みを描く地域の現代史。

沖縄 **海は泣いている**

写真／文 吉嶺全二 ２、８００円

沖縄の海に潜って40年のダイバーが、長年の海中〃定点観測〃をもとに、サンゴの海壊滅の実態と原因を明らかにする。

奄美大島 自然と生き物たち

吉見光治／写真・文 ２、８００円

知られざる自然の宝庫・奄美大島の深い森に生きる動物たちのほぼすべてを、8年の歳月をかけカメラに収めた写真集。

まったけ山〃復活させ隊〃の仲間たち

里山再生を楽しむ！

吉村文彦＆まったけ十字軍運動著 １、６００円

まつたけ山復活、里山再生を願う5年間のユニークな記録。ヒトの生き方と生物多様性を考え、実践する上で役に立つ本。

家族になったニホンミツバチ

DVD付き

久志冨士男著 ３、０００円

ニホンミツバチは人に馴れれば、決して刺さない。「蜂＝刺す」の〃常識〃を覆す、世界初の発見をＤＶＤの映像で伝える。

我が家にミツバチがやって来た

久志冨士男著 ２、０００円

ニホンミツバチを飼い始めたらやめられない——飼育歴20年の著者が執筆したプロ養蜂家を目指す人のための入門書！

ニホンミツバチが日本の農業を救う

久志冨士男著 １、６００円

日本の自然を太古から守ってきた野生種のニホンミツバチ。その生態の不思議と底力を、飼育歴20年の著者が伝える。

虫がいない 鳥がいない

久志冨士男・水野玲子著 １、５００円

百群以上のミツバチが突然絶滅した。ニホンミツバチ養蜂のカリスマが、ネオニコチノイド系新農薬の恐ろしさを警告。

◇沖縄の歴史と真実を伝える◇

観光コースでない 沖縄 第四版

新崎盛暉・謝花直美・松元剛他 １、９００円

「見てほしい沖縄」「知ってほしい沖縄」の歴史と現在を、第一線の記者と研究者がその〃現場〃に案内しながら伝える本！

ひめゆりの少女●十六歳の戦場

宮城喜久子著 １、４００円

沖縄戦〃鉄の暴風〃の下の三カ月、生と死の境で書き続けた「日記」をもとに伝えるひめゆり学徒隊の真実。

沖縄戦 ある母の記録

安里要江・大城将保著 １、５００円

県民の四人に一人が死んだ沖縄戦。人々はいかに生き、かつ死んでいったか。初めて公刊される一住民の克明な体験記録。

沖縄戦の真実と歪曲

大城将保著 １、８００円

教科書検定はなぜ「集団自決」記述を歪めるのか。住民が体験した沖縄戦の「真実」を、沖縄戦研究者が徹底検証する。

沖縄戦「集団自決」消せない傷痕

山城博明／宮城晴美 １、６００円

カメラから隠し続けた傷痕を初めて撮影、惨劇の現場や海底の砲弾などを含め沖縄の写真家が伝える、決定版写真証言！

写真証言 **沖縄戦「集団自決」を生きる**

写真／文 森住 卓 １、４００円

極限の惨劇「集団自決」を体験した人たちをたずね、その貴重な証言を風貌・表情とともに伝える！

新版 **母の遺したもの**

沖縄・座間味島「集団自決」の新しい事実

宮城晴美著 ２、０００円

「真実」を秘めたまま母が他界して10年。いま娘は、母に託された「真実」を、「集団自決」の実相とともに明らかにする。

「集団自決」を心に刻んで

●一沖縄キリスト者の絶望からの精神史

金城重明著 １、８００円

沖縄戦〃極限の悲劇〃「集団自決」から生き残った十六歳の少年の再生への心の軌跡。

修学旅行のための沖縄案内

目崎茂和・大城将保著 １、１００円

亜熱帯の自然と独自の歴史・文化をもつ沖縄を、作家でもある元県立博物館長とサンゴ礁を愛する地理学者が案内する。

沖縄修学旅行 第三版

新崎盛暉・目崎茂和著 １、３００円

戦跡をたどりつつ沖縄戦を、基地の島の現実を、また沖縄独特の歴史・自然・文化を、豊富な写真と明快な文章で解説！

改訂版 **沖縄戦**

●民衆の眼でとらえる「戦争」

大城将保著 １、２００円

「集団自決」、住民虐殺を生み、県民の四人に一人が死んだ沖縄戦とは何だったのか。最新の研究成果の上に描き出した全体像。

沖縄メッセージ **つるちゃん**

金城明美 文・絵 １、６００円

絵本『つるちゃん』を出版する会発行

八歳の少女をひとりぼっちにしてしまった沖縄戦、そこで彼女の見たものは……。